人体

撰文/来姿君　　审订/游祥明

U0347664

中国盲文出版社

怎样使用《新视野学习百科》?

请带着好奇、快乐的心情，展开一趟丰富、有趣的学习旅程！

1 开始正式进入本书之前，请先戴上神奇的思考帽，从书名想一想，这本书可能会说些什么呢？

2 神奇的思考帽一共有 6 顶，每次戴上一顶，并根据帽子下的指示来动动脑。

3 接下来，进入目录，浏览一下，看看这本书的结构是什么，可以帮助你建立整体的概念。

4 现在，开始正式进行这本书的探索啰！本书共 14 个单元，循序渐进，系统地说明本书主要知识。

5 英语关键词：选取在日常生活中实用的相关英语单词，让你随时可以秀一下，也可以帮助上网找资料。

6 新视野学习单：各式各样的题目设计，帮助加深学习效果。

7 我想知道……：这本书也可以倒过来读呢！你可以从最后这个单元的各种问题，来学习本书的各种知识，让阅读和学习更有变化！

神奇的思考帽

客观地想一想

用直觉想一想

想一想优点

想一想缺点

想得越有创意越好

综合起来想一想

? 我们的身体有哪些系统？

? 你最喜欢身体的哪个器官，为什么？

? 你的哪个感觉器官最灵敏？带给你什么好处？

? 克隆人会产生什么问题？

? 人体除了像机器，你认为还像什么？

? 你认为人工器官可以取代原来的器官吗？

目录

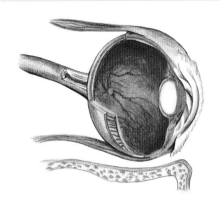

■神奇的思考帽

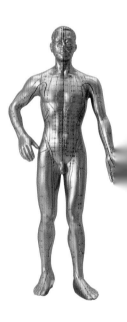

CONTENTS

细胞、组织、器官、系统

生命多么奇妙啊！从细胞、组织、器官到系统，身体是如何结合、运作的呢？你觉得身体是一部精密的机器或是复杂的工厂吗？

人体机械论

17世纪法国的哲学家笛卡尔，认为肌肉的收缩、心脏的跳动、肠胃的蠕动等现象，都与机械的作用原理相似。的确，如果将人体各系统拆开来看，心脏就像压缩机，肺脏是空气清洁机，口腔、食道、胃组合成食品加工区，肾脏则是身体的滤水器。每种器官各有功能，彼此又互相支援，缺一不可。

如果以物理、化学作用来解释，牙齿切断食物是物理现象，口腔中分解淀粉则是化学现象；心脏跳动是自发性的物理现象，而神经分泌物质影响心跳快慢却是化学现象。物理与化学现象同时在人体内作用，缺一不可。

大脑是管控中心。

心脏像压缩机，是加压总站。

肺部就像大型空气清洁机。

红细胞是搬运工，运送氧气。

肠胃是一个化学工厂。

右图：米开朗琪罗的雕塑大卫像，表现出文艺复兴时期人们对理想体态的观点。（摄影/黄丁盛）

左图：身体里的各种器官与系统，各有功能，彼此分工合作，才构成一个健康、有意识、行动自如的人。（图片绘图/吴昭季）

人体的分工合作

人体像一个小社会，由许多工厂组合而成。人体的管控中心是大脑，指挥各器官分工合作；心脏像宅急送的货运总站，司机红细胞先生负责将氧气和养分送到每个细胞，血管则是高速公路。红细胞先生还负责回收每个细胞丢弃的含氮废物和二氧化碳，送到负责的工厂处理：二氧化碳交给肺脏，借由呼吸作用将它排出，再补充氧气；含氮废物交给肾脏，经过排泄作用将尿素溶于水，再形成尿液或汗液排出。至于人体需要的养分原料，如葡萄糖、氨基酸、脂肪酸等，由消化工厂的小肠负责吸收、供应，使人体的每个细胞都可以活跃生长，维护身体的健康。

左图：成人约有200种不同的细胞，形状和功能差异很大。由上而下为肝细胞、脑细胞和骨细胞。（绘图/戴慰萱）

约在1490年，达·芬奇绘制的标准人体比例图。

身体各部位精密运作，我们才能做许多复杂的运动。

古人的人体研究

解剖是了解人体构造的必要步骤，但无论东、西方，最早都将解剖人体视为禁忌。古希腊医生希罗菲卢斯是首位进行人体解剖的科学家，被称为"解剖学之父"。古罗马医生盖伦则以解剖动物并参考前人研究的方式，提出了对人体的看法。直到公元1543年，比利时医生维萨里的《人体的构造》出版，关于人体的认识才算有了详尽的解剖研究著作。

中国历史上首次人体解剖的记录出现在汉代，当时王莽让太医解剖死囚的尸体，并留下了关于人体的知识。

腧穴铜人像。中医认为经络是人体内外联系的通路，并依照相关内脏命名，例如肺经、大肠经、胃经等。

皮肤系统

你知道吗？皮肤也是器官，而且是人体最大的器官，皮肤和皮肤的衍生物如指甲、毛发、皮脂腺、汗腺等，合称皮肤系统。人体有了皮肤系统，就可以保护身体内部，而且能够防止体内水分丧失，调节体温。

先天的防御系统

皮肤覆盖在人体体表，只要不受损，就可以有效阻挡细菌和紫外线，是人体的第一道防线。皮肤分3层：表皮、真皮与皮下组织。表皮的第一层是角质层，可隔离细菌、尘螨与脏空气。皮肤

相较于猿猴等近亲，人类是唯一在体表没有覆满毛发的灵长类。因此我们需要穿上厚重衣服，御寒保暖。

真皮层里有皮脂腺，分泌油性物质让皮肤呈现弱酸性，抑制细菌在体表滋生，保护人体。皮肤还具有吸收功能，被蚊虫叮咬了，涂擦油性药膏能止痒、治疗，就是因为皮肤能吸收药剂的关系。

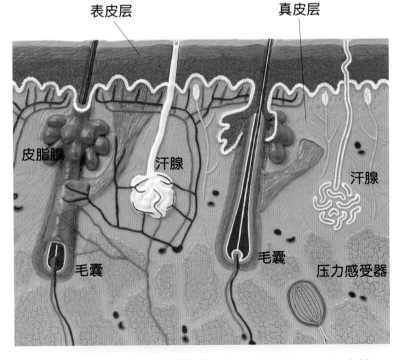

表皮层　　真皮层

皮脂腺

汗腺

汗腺

毛囊

毛囊

压力感受器

皮肤的表皮层下，是厚厚的真皮层。真皮层中，有血管、毛囊、汗腺和感受器。

雀斑是黑色素沉淀的小块，通常出现在肤色较淡的人身上。（图片提供/达志影像）

皮肤的困扰

正常状况下，每21—28天角质层会随着新陈代谢自然剥落。当角质层持续堆积，皮肤毛孔会变粗大、泛油、产生粉刺和痘痘等。头皮屑是头皮角质层剥落的一种正常现象。头皮上有一种与人体共生的霉菌——皮屑芽孢菌，人的体质、饮食、激素、情绪，甚至环境污染等因素，都会造成皮屑芽孢菌增生，角质层加速剥落，皮脂腺分泌更旺盛，进而出现头皮屑增多、头皮痒等情形，甚至影响头发健康生长！

青春期皮肤的皮脂腺常过度分泌，阻塞毛囊，因此容易满脸青春痘。（图片提供/廖泰基工作室）

毛发

头发从婴儿出生时就存在了，新生儿的胎毛掉落后，长出的头发叫永久毛。毛囊的数量在胎儿时期就已决定，但会随着年龄增加而老化萎缩，因此老人家的头发比较稀疏。头发的密度与遗传、血液循环、皮脂腺分泌、饮食和生活习惯等都有关。

身体其他部位生长的毛发称为汗毛，颜色较浅，长度通常是1—2厘米。

为什么头发会变白呢

头发的生长和毛囊有关，而毛囊的黑色素细胞分泌的黑色素，则决定了头发的颜色。黑色素细胞异常或老化，头发就可能变白，这是上了年纪的人头发变白的主要原因。不过科学家发现，取自头发变白了的人的毛囊黑色素细胞，在试管中培养，仍可产生黑色素。事实上，有人在头发变白还不严重时，经由饮食调整等方法，还能让头发重新变黑哟！

皮肤档案大公开		
皮肤覆盖的面积	平均	2平方米
皮肤的厚度	平均	0.1—0.2厘米
	最厚处（后背上方）	0.5厘米
	最薄处（眼皮）	0.05厘米
皮肤细胞的生命周期	平均	19—34天

一般人的头发每个月可长1.3厘米。头发的生命通常有3—5年。假如一直不修剪，约可达1米。不过有些人的头发可以长得很长。图为一位印度苦行僧。（摄影/黄丁盛）

骨骼和肌肉系统

你看过"移动城堡"的卡通片吗？其实，人体就像一间会移动的房子，骨骼是房子的钢筋，搭起了人体的架子；肌肉附着在骨骼上，使骨骼可以活动。有了它们，不但能够保护内部的器官，而且还可以完成各种动作和表情。

肌肉收缩，牵动骨骼，可以做出各种不同的动作。（绘图/彭绣雯）

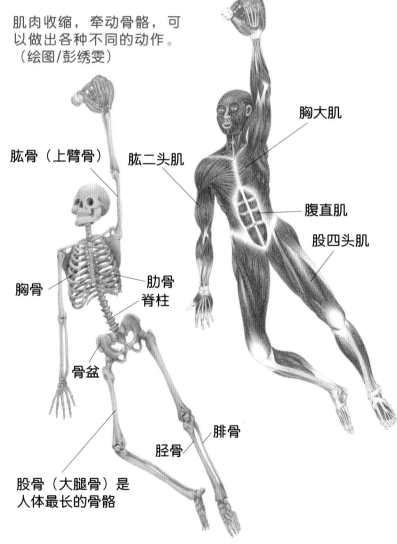

肱骨（上臂骨）
肱二头肌
胸大肌
腹直肌
股四头肌
胸骨
肋骨
脊柱
骨盆
腓骨
胫骨
股骨（大腿骨）是人体最长的骨骼

人体的骨骼有206块，它们支撑身体、保护某些内脏，并协同肌肉完成各种动作。（绘图/彭绣雯）

撑起人体的骨架

人体的骨骼组织含有胶质、碳酸钙和磷酸钙等，儿童时期骨骼的胶质含量较多，较不容易折断，却容易弯曲和变形，影响骨架和体型发展。长大后，骨架定型。骨骼的成分以碳酸钙、磷酸钙居多。到了老年，人体吸收钙质的机能变差，可能出现骨质疏松的状况，骨折就成了严重的问题。

人体骨骼大多以关节连接，像膝关节一类的滑膜关节是人体可以灵活运动的关键。滑膜关节在骨头末端有一层软骨，软骨与软骨间的滑膜液可以润滑关节，便于活动。

下图：人体的骨骼、关节与肌肉，通过脑的协调，能做出各种动作。

肌肉动一动

附着在骨骼上的肌肉组织，称为骨骼肌，又称随意肌，是一种可以由意志控制的肌肉。骨骼肌的一端附着在骨骼上，另一端则借由肌腱附着在另一骨骼上。当大脑下达指令，经过脊髓传导到骨骼肌，肌肉收缩或舒张，牵动骨骼，就可以做出许多不同的表情和动作。因此，骨骼和骨骼肌都是人体的运动器官。

除了骨骼肌，人体的内脏如肠、胃等也有肌肉，但是不受意志控制，称为不随意肌。心脏的肌肉最特别，称为心肌，也不受大脑控制，即便离开人体，心脏还能自动跳一阵子。

心肌是不随意肌。

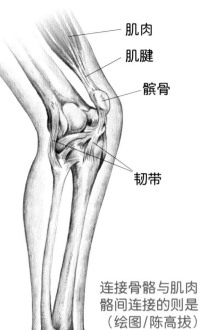

肌肉
肌腱
髌骨
韧带

健美选手用力展现的上手臂肌肉，就是肱二头肌。运动无法增加肌肉细胞的数量，但可增大其体积，让肌肉变大。

连接骨骼与肌肉的是具有弹性的肌腱。骨骼间连接的则是韧带。图为人体的膝盖。
（绘图/陈高拔）

动手做骨头人

万圣节或戏剧演出时，想要秀出骨头人吗？自己动手来做吧！
1. 拿张黑色卡纸裁剪人形。
2. 用白色纸板做出骨头，再用黏胶平贴于黑色人形的上面。
3. 用打洞机在各关节打孔。
4. 将两纸板孔相叠，以双脚钉固定，就完成关节可活动的骨头人啰！

（制作/杨雅婷）

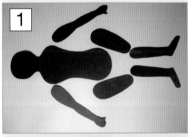

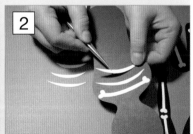

消化系统

人体的消化系统分为消化道和消化腺，两者相互配合，将吃下的食物分解、吸收，提供身体充足的能量。

蔬菜水果中丰富的纤维和矿物质，可帮助肠胃消化。

消化作用的起点

人体消化道的入口在口腔，当牙齿开始奋力切割、咀嚼食物，口腔内的唾液就会把淀粉转化成糖类。吃饭的时候，一口饭放在嘴里咀嚼20秒，就能感受到甜味！食物通过咽喉的时候，刺激食道肌肉收缩，将食物往下推到胃，食道只是食物进入胃的通道，在这里不进行消化。

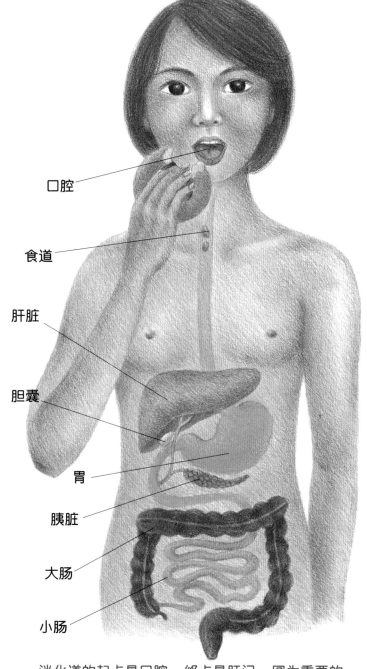

口腔
食道
肝脏
胆囊
胃
胰脏
大肠
小肠

消化道的起点是口腔，终点是肛门。图为重要的消化器官。（绘图/彭琇雯）

消化系统档案大公开		
消化道	总长	9米
食道	长度	25厘米
胃	最大容量	4升
小肠	长度	6.4米
	宽度	2.5厘米
大肠	长度	1.5米
	宽度	6.5厘米
直肠	长度	20厘米

消化系统进行曲

食物一旦进入胃，胃液便开始分解食物里的蛋白质，食物里的其他部分则交给胰脏分泌的胰液。比较麻烦的大块脂肪，会由肝脏分泌胆汁，先将大块脂肪分解成小油滴，再由胰液负责消化。胆汁和胰液都排入十二指肠，所以当十二指肠发生溃疡，便会有消化不良、肚子胀气的感觉！

胃的弹性很大，进食后会扩大很多倍。但是暴饮暴食，对吸收、循环和排泄都是一大负担。（图片提供/达志影像）

新生儿的牙齿通常在出生32周后才长齐，因此在此之前仅能喝牛奶等流质食物。（摄影/张君豪）

4个胃和1个胃

人只有一个胃，胃的肌肉几乎一直处于活动状态，即使胃内的食物清空了，仍持续收缩，以提醒人们该进食了。牛有4个胃，不过似乎也闲不得。牛吃下的植物先进入最大的瘤胃，这里有微生物可将植物的纤维素分解，然后这些初步分解过的食物再回到嘴里；再次咀嚼后的食物，会依续通过蜂巢胃、重瓣胃和皱胃完成消化。所以有时看见牛明明没吃草，嘴巴却动个不停，就是因为这个原因！

牛有4个胃，是一种反刍动物。（图片提供/廖泰基工作室）

吸收与排遗

分解成小分子的食物，接着被送往小肠，经过再一次的消化，由小肠的绒毛细胞吸收养分。养分中的葡萄糖、氨基酸、脂肪酸和水分都会进入人体的循环系统，借由血液送达每个细胞，让所有细胞"强壮"！食物里的养分已经被小肠吸收了，剩下来的食物残渣就交给大肠处理。大肠吸收了其中的水分和电解质，再将食物残渣推到直肠，直肠壁受到刺激，将冲动传到脑部，我们就产生了想排便的感觉。

肛门是消化道的末端，受意识支配。婴儿两岁前，不会控制骨盆底肌肉，所以需要包尿布。（摄影/张君豪）

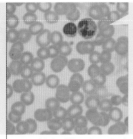

循环系统

（图片提供/陈正绎）

　　人体的血液循环系统包括血液和血管两个部分。血液带着小肠吸收来的养分与细胞产生的废物，通过错综复杂的血管跑遍全身，进行交换。血液里的不同血细胞更是各司其职，守护我们的身体。

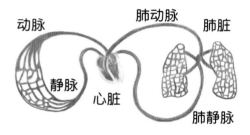

心肺循环是将流经心脏的缺氧血，送进肺部，交换吸收氧气后，再将充氧血送回心脏，由心脏加压流至全身。
（绘图/穆雅卿）

主动脉弓

上腔静脉
肺动脉

肺静脉

右心房

右心室

左心房

左心室

下腔静脉

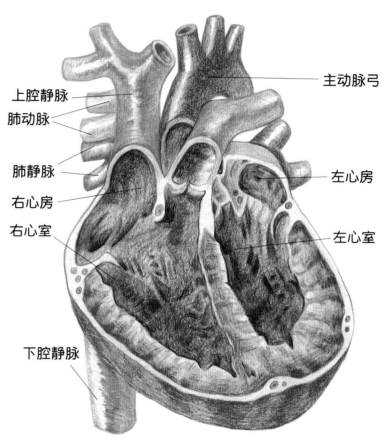

心脏的内部构造。（绘图/陈高拔）

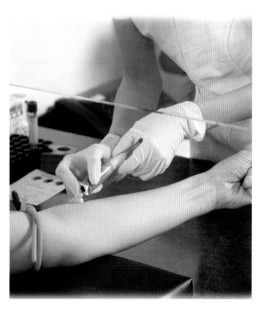

由于静脉血的流动速度较慢，且靠近身体表面，所以抽血都是抽静脉里的血。

血液运输的动力

　　让血液流过人体的每个角落，是一项非常艰巨的工作，这需要一个强而有力、全年无休的运输泵才做得到。这个有力的泵，就是心脏。心脏平均1分钟跳动约70次，借着心脏的收缩，血液流向全身，即便距离最远的手指、脚趾尖，也会有血液通过；当心脏舒张，心脏内压力降低，全身的血液便又流回心脏。

末端没有开口的血管

　　血管有3种，动脉负责将充满氧气和养分的血液从心脏送出，血管壁非常有弹性；动脉分支到最后会逐渐变细，较细的小动脉连接更细的毛细血管，毛细血管只由一层细胞构成；毛细血管里的血液将养分和氧气交给全身细胞，并顺道带走细胞产生的废物和二氧化碳，经过小静脉回到大静脉，最后送回心脏。人类的血液循环是闭锁式循环，整个血液运送过程，都在血管内完成。

血液档案大公开		
血液数量	男性	5—6升
	女性	4—5升
人体内红细胞数量		25兆
红细胞面积	宽度	7微米
	厚度	2微米
红细胞的生命周期		80—120天

血液里的小帮手

　　血液里住着3种小帮手，分别是红细胞、白细胞和血小板。红细胞负责运输工作，将氧气和养分带到细胞，并且把二氧化碳和废物带回心脏。白细胞是身体里的巡视员，它跟着血液跑遍全身，目的就是捉出入侵人体的细菌和病毒，维护健康。血小板是修复小帮手，可以修复血管破洞，当身体有伤口，血小板会堵住伤口。血细胞的功用这么大，少了任何一种，都足以引发某些疾病，例如贫血、白血病、血友病等。

白细胞
红细胞
血浆

血液中，除去占55%的血浆，红细胞占最多，使血液呈现红色。其他则是白细胞和血小板。（绘图/吴昭季）

我们所量的血压，包括收缩压和舒张压。收缩压是心脏收缩，造成血管压力达到顶点时的血压；舒张压则是心脏舒张时，动脉血管弹性回缩产生的压力。

心脏泵

　　五金行里有种塑料制的吸油器，运作方式和心脏很像，通过操作、观察吸油器，你会更容易了解心脏的运作。水桶里装满水，放入吸油器，用力挤压吸油器再放松，可以看到水由一边的管子跑进另一边管子里，如果手挤压的球状部分是心脏，那么管子就像是血管，而水就是血液了。

呼吸系统

我们的鼻子、咽喉、气管、支气管和肺脏组成了呼吸系统，负责呼吸作用，帮人体"打气"：供给氧气，排出二氧化碳。

假使左右肺都充满气体，肺的总容量可达6升，相当于图中6个大瓶矿泉水的总容量。

唯一不具肌肉的器官

肺脏是人体进行气体交换的主要器官，肺脏也是唯一不具有肌肉的器官。但是没有肌肉，肺脏要怎么收缩和舒张呢？想一想，呼吸时胸部为什么会随着起伏呢？原来在人体胸部肋骨之间，有可以抬高肋骨的肋间肌；胸腔和腹腔之间，

则有分隔的横膈膜。当这两组肌肉收缩，胸腔变大，空气就会充满肺脏，这是吸气；当这两组肌肉舒张，胸腔变小，空气便被挤出肺脏，这是呼气。所以人体的呼吸作用不只靠肺脏，肋间肌和横膈膜也都出了力！

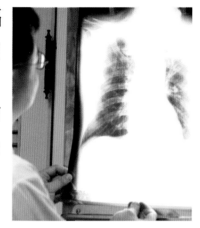

由于胸腔内有肋间肌和横膈膜，肺部才可收缩、扩张，呼吸空气。

呼吸系统由鼻、咽喉、气管、支气管及肺脏组成。（绘图/彭绣雯）

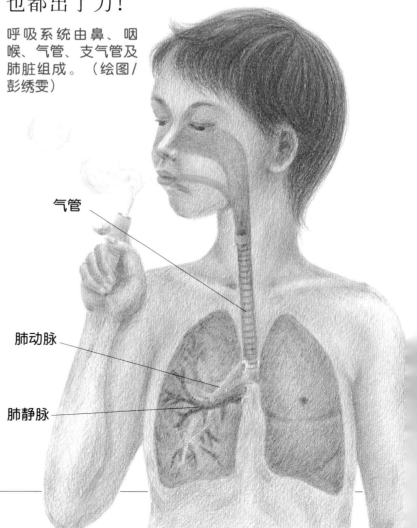

气管

肺动脉

肺静脉

呼吸系统档案大公开	
左肺平均重量	565克
右肺平均重量	625克
肺部表面总面积	60—70平方厘米
1分钟平均的呼吸次数	16次
最大呼吸功率	1分钟300升
休息时呼吸功率	1分钟8升

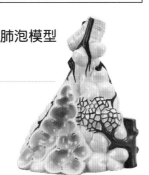

肺泡模型

与循环系统合作

肺脏主要由肺泡组成。一个肺泡，就像一个小气球，里面装满空气，有氧气，也有二氧化碳；每个肺泡外都有毛细血管围绕。

当我们吸气时，空气进入肺泡，经过扩散作用，肺泡里的空气进入毛细血管，里面的红细胞会带着满满的氧气，循环全身。红细胞能运载气体的量是固定的，所以从肺泡取得氧气的同时，红细胞还会把从全身细胞带来的二氧化碳，交给肺泡。当我们呼气时，这些细胞不要的二氧化碳会被挤出肺泡，经由气管，从鼻子或嘴巴排出体外。因此，人体的每一个系统，都不是独立存在的，而是彼此互相合作，维持我们的生命！

哮喘发作时，气管会变窄，使患者呼吸困难。若吸入扩张支气管的药物可缓解症状。

（图片提供/达志影像）

人在海拔高处，会因氧气稀薄而感到呼吸困难。图中一位攀登喜马拉雅山的登山者，在山上使用氧气罐，以缓解痛苦感。（摄影/黄丁盛）

吸烟对肺的伤害

根据研究，每人每天吸进的空气总量超过1万升。这么多的空气里，假使有不好的物质便会对人体产生很大伤害。例如香烟燃烧时会产生3,000多种化学物质，包括尼古丁、焦油和许多致癌物，当它们进入呼吸道，气管与支气管便受到伤害，所以刚开始吸烟的人呼吸道往往有溃疡或发炎，时常咳嗽。渐渐地，气管、支气管里的黏膜纤毛消除能力变差，急性支气管炎的发生几率加大。更糟糕的是，高发病率与高死亡率的肺癌，也与吸烟脱不了关系。

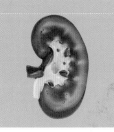

排泄系统

人体产生的废弃物中，二氧化碳借由呼气排出；不被消化的纤维素与食物残渣由直肠排泄；至于其他代谢产物，如尿素则随尿液排出。

汗流浃背的运动员。流汗除了能散热，还可以排泄体内的废物。（图片提供/达志影像）

燕子与它的排泄物。鸟类的尿和粪便，都是从同一个开口排出体外的。（图片提供/廖泰基工作室）

没空休息的肾脏

肾脏位于人体腹腔，靠近身体后侧腰部，左右各一个，是负责过滤血液的重要器官。

肾脏有皮质和髓质两个部分。每个肾脏的皮质部分大约有100万个肾单位，负责过滤血液。血液里有养分，也有细胞的代谢产物。分子较大的血浆蛋白没办法通过肾脏过滤，所以会保留在血液中；葡萄糖、氨基酸、脂肪酸、水等小分子则会被过滤出来。不过这些都是消化系统辛苦吸收来的，在肾脏的髓质部会被再吸收，重新送回血液。有些来自全身细胞的代谢物有毒，必须及时从血液里清除，免得危害人体，因此肾脏必须不断地过滤大量的血液，工作量相当大。

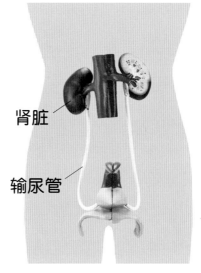

泌尿系统的主要器官是肾脏、膀胱和尿道。肾脏负责过滤、产生尿液，输尿管将尿液输往膀胱，尿道则是尿液排出体外的通道。

肾脏

输尿管

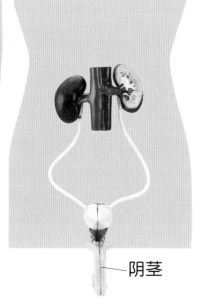

比利时布鲁塞尔著名的尿尿小童，建于1619年，传说他以小便浇灭了大广场的炸弹导线。（图片提供／达志影像）

男性的尿道顺着阴茎生长（右），女性的尿道则止于阴道开口前方（上）。

阴茎

超级过滤器

　　人体有两个肾脏，总重量约占全身体重的5%，但每分钟有1,200毫升的血液到肾脏进行过滤。正常人的肾每分钟会过滤出125毫升的滤液，一天24小时就会有180升的滤液。但事实上，正常人每日的尿液大约有1升，因此肾脏吸收了剩下99%以上的滤液。你说，肾脏是不是人体内的超级过滤器！

容量大的污水储存槽

　　肾脏将养分重新吸收回血液后，剩下来多余的物质，会溶解在水中，经由集合管收集到肾盂，准备排出肾脏。肾盂是暂时储存尿液的地方，之后尿液会由输尿管一滴一滴地收集到膀胱。膀胱是个大容量的储存槽，当里面的尿液达到一定量，膀胱就会感受到压力，膀胱上的神经将信息传到大脑，我们便有了想要排尿的感觉。最后，通过膀胱的肌肉收缩，尿液经由尿道排出体外。尿液含有尿素，排出体外后，经过一段时间会变成氨，所以尿液有股氨水的臭味！

生殖系统

妈妈怀了小宝宝，大约在第20周，医生就可以用超声波仪器，由外观断定宝宝的性别，可见小男生和小女生的第一性征差异相当明显。不过大约到13—14岁，女生和男生的第二性征才会出现。

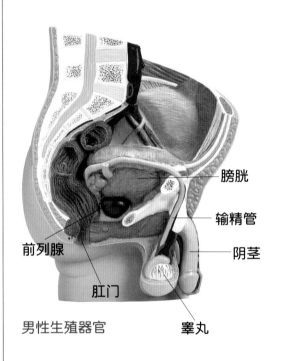

膀胱

输精管

前列腺

阴茎

肛门

睾丸

男性生殖器官

婴儿出生时，第一性征已经很明显。
（图片提供／廖泰基工作室）

开放的男生与含蓄的女生

男生的生殖器官外观上属于开放式，可以清楚看到阴茎和阴囊；阴茎除了是生殖器官，排泄系统里的尿道也在其中！女生就不一样了，女生的生殖器官包括阴道、子宫颈、子宫和卵巢，都藏在骨盆腔。女生的尿道与阴道分开，尿道开口在身体较前侧的地方，阴道则介于尿道和肛门之间。

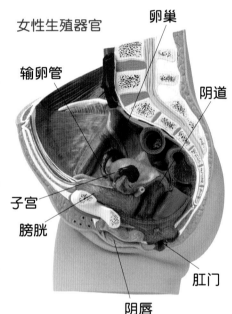

女性生殖器官

卵巢

输卵管

阴道

子宫

膀胱

肛门

阴唇

青春期的男生

睾丸是制造精子的地方，由阴囊保护，睾丸周围有很多的神经、血管。睾丸制造精子的能力在青春期开始活化，精子由输精管通往尿道排出。男生到了青春期，睾丸细胞开始产生雄性激素，于是出现第二性征。他们的声音开始变得有磁性，长出胡子，也会有遗精现象。

青春期的女生

女生卵巢里有数千个未成熟的卵子，从青春期开始，卵巢固定每个月排出一颗成熟的卵子，再由输卵管送到子宫。子宫每个月也有一次周期的变化，如果卵子没有受孕，那么子宫内膜就会脱落，伴随血液、黏液，从阴道一起排出体外，这就是月经。多数女生大约在11—13岁间第一次月经来潮。无论月经或遗精都是伴随生理成熟出现的现象，不必害羞或害怕。

父母亲的基因，会同时遗传给小孩。因此儿女的体质，有一半来自父亲，一半来自母亲。（图片提供/张君豪）

超声波扫描，因为安全、危险性小，是目前普遍用来观察胎儿的方式。大约6个月的胎儿已经可以看出发育完全的手和脚。（图片提供／达志影像）

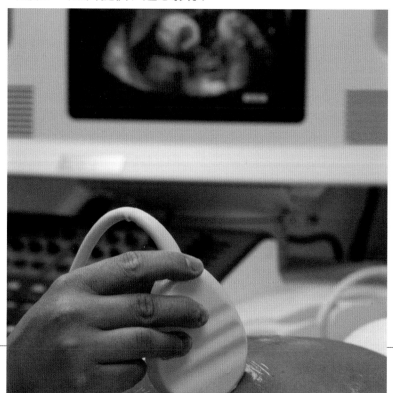

你看过双胞胎吗？有的双胞胎长得很像，不容易分出谁是谁。为什么会这样呢？我们的生命都是从受精卵开始，通常是一个精子使一个卵子受精，然后分裂长成一个胎儿。同卵双胞胎是由一个受精卵分裂，长成两个胚胎，再发育成两个胎儿。所以他们的血型、性别都一模一样，长相也非常相似。异卵双生则是由两个不同的受精卵发育长成的双胞胎，他们的血型、性别不一定相同，外貌差距也比较大。

长得一模一样的同卵双胞胎，常令人难以分辨。（图片提供／达志影像）

内分泌系统

内分泌腺负责分泌激素，激素又称荷尔蒙。激素会随着血液循环全身，控制、协调人体的许多功能。

不同的激素，有不同的"目标器官"或"目标组织"。例如脑垂体分泌的生长激素，只对骨骼和肌肉有作用，对其他器官或组织就没有作用。

人体需要激素的量虽少，但缺乏却会引起疾病；而激素分泌过多，也会生病。幸好人体有一套调节激素分泌量的负反馈系统，当激素的分泌已足够，便加以抑制。

印度男子蓄长胡子。男人长胡子，与雄性激素的分泌有关。（摄影／黄丁盛）

内分泌具有协调的作用。图为重要的内分泌腺。（绘图／彭绣雯）

脑垂体功能大

大脑底部有个漏斗状的内分泌腺，因为它垂挂在脑底，所以称为脑垂体，又称垂体。它的大小如豌豆，分泌的激素种类很多，多数可控制其他内分泌器官，所以有"内分泌乐团总指挥"的称呼。举例来说，脑垂体分泌的促甲状腺激素，可刺激甲状腺分泌甲状腺素。换句话说，甲状腺的分泌，受脑垂体控制。

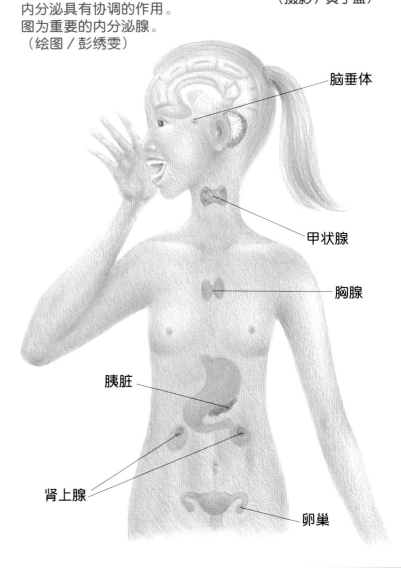

脑垂体

甲状腺

胸腺

胰脏

肾上腺

卵巢

瞬间的刺激往往会引发肾上腺素分泌。

当胰岛素分泌不正常，就会出现糖尿病。糖尿病患者无法自行控制体内血糖的转换，因此必须少吃过甜的食物。

人在紧张和兴奋的时候，会加速肾上腺素分泌，帮助身体应对紧急状况。（摄影／黄丁盛）

其他内分泌腺

除了脑垂体，人体还有许多内分泌器官。例如面临危险时，紧张的情绪经由神经系统传到脑垂体，刺激肾上腺释放肾上腺素，这时人体便能产生"战斗或逃走"的反应。

其他的内分泌腺，如胰脏分泌胰岛素和胰高血糖素，具有调节血糖的功能；卵巢分泌雌激素、睾丸分泌睾丸素，分别促进女性及男性第二性征的发育。可以说，人体内随时都有各种激素分泌，以控制与调节身体所需！

信息素的妙用

信息素是昆虫、哺乳类动物分泌的一种激素，可经由尿液或汗液释放到周围的环境里，或是经由皮下腺体进行传送。昆虫和哺乳类动物都能分辨同类分泌的信息素的不同化学意义，如警戒信号、求偶信号等。科学家利用这种特性捕捉昆虫，以减少它们对农业的伤害。将信息素涂抹在捕虫器里，原本夜间在菜园里交配、产卵的蛾类，会受到吸引而落入捕虫器里，这样不但可减少菜园的虫害，还减少了农药的使用！

免疫系统

人体防御系统的成员，分布在身体各个部位，保卫着我们。这套系统的第一道防线是皮肤组织，当皮肤组织出现伤口，第二道防线便启动了。

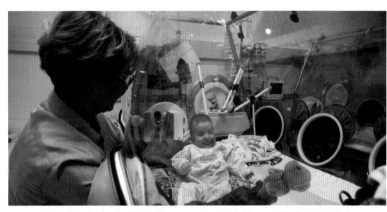

罹患某些特殊疾病的婴儿，免疫力较差，所以必须待在无菌环境中医治。（图片提供/达志影像）

🩰 第一时间做出反应

当细菌或病原体侵入人体，附近的白细胞便增大形成巨噬细胞，巨噬细胞可穿过血管细胞间的空隙，无论病原体由何处入侵，巨噬细胞都能走捷径捕捉、攻击并杀死病原体。战役中巨噬细胞难免有牺牲，这些死掉的细胞加上过多的组织液，会形成黏稠状的脓液，例如痰、鼻涕、伤口化脓等。

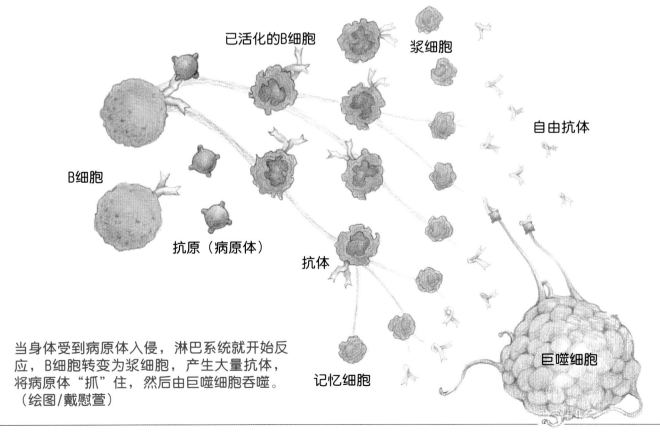

已活化的B细胞

浆细胞

自由抗体

B细胞

抗原（病原体）

抗体

记忆细胞

巨噬细胞

当身体受到病原体入侵，淋巴系统就开始反应，B细胞转变为浆细胞，产生大量抗体，将病原体"抓"住，然后由巨噬细胞吞噬。（绘图/戴慰萱）

巡逻警察与驻守大队

淋巴器官也是免疫系统的成员，有淋巴结、扁桃腺、脾脏、胸腺和骨髓等。

骨髓的干细胞，可分化成B细胞和T细胞两种淋巴细胞。B细胞在骨髓里发育成熟，T细胞则在胸腺发育并形成多种免疫细胞。它们好像两兄弟，B细胞留守各淋巴结，T细胞则像是随血液跑遍全身的巡逻警察。当T细胞在巡逻途中发现病原体，除了发动攻击，还必须赶快通知B细胞，让B细胞根据信息，生产"抗体"。当下一次身体再遭受相同的病原体攻击，B细胞中一部分已形成记忆的细胞，会提供相应的抗体做武器。人体有B细胞与T细胞共同组成的防线，就能抵抗病原体入侵。

右图：T细胞会搜寻、锁定受感染的细胞和癌细胞，并释放毒素摧毁病毒。（图片提供/达志影像）

左图：B细胞会记忆病原体，当下次它们再入侵时，记忆B细胞就会做出反应。（图片提供/达志影像）

罗马尼亚的卫生人员正在处理疑似感染禽流感的鸡。禽流感已在2005年进入欧洲，引起高度关切。（图片提供/达志影像）

恐怖的世纪黑死病

1981年美国医学界首先发现了艾滋病（AIDS）。当时加州的一位医生发现病人患了一种平常人不易罹患、由寄生性原虫引起的肺炎，以及一种名为卡波西肉瘤的皮肤与血管癌症，而这两种疾病都是由于人体的免疫系统无法正常运作才发生的。1983年发现致病原为一种名为人类免疫缺陷病毒（HIV）的艾滋病毒，它专门攻击人体免疫系统，使免疫系统无法保护人体，也就是后天免疫缺乏症候群，简称艾滋病。因为目前没有特效药物，所以艾滋病被称为"世纪黑死病"！

美国卫生部秘书长在越南参加艾滋病会议，刚好经过艾滋病防治海报。（图片提供/达志影像）

神经系统

人脑像一部精密无比的超级电脑，需要无数的传导通路，供信息输入和输出，而整个回路系统，就是人体的神经系统。

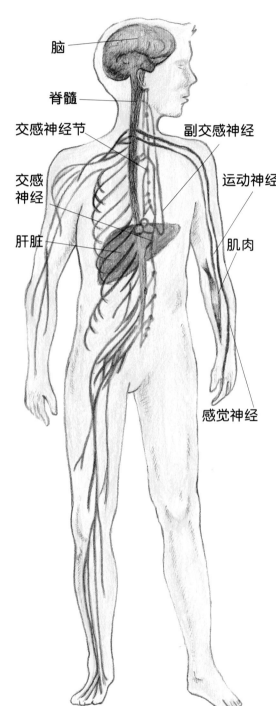

脑

脊髓

交感神经节

交感神经

肝脏

副交感神经

运动神经

肌肉

感觉神经

神经系统分为中枢神经、周围神经和自律神经。上图为右侧身体的简图。（绘图/陈高拔）

人体的CPU

CPU是电脑的中央处理系统，是电脑的运算核心和控制核心。不过与人脑相比，电脑可以说是小巫见大巫了。

我们的大脑，由两个半球组成，大脑的表层颜色较深，主要由神经细胞构成，称为大脑皮质，负责整合人体的各种感觉，控制动作、语言和思考等能力。皮质下面的髓质，主要由神经纤维组成，有如大脑的线路。

小脑位于大脑的下后方，表层也有很多皱褶，负责协调肌肉的运动和平衡。延髓在脑的最下方，连接脊髓，负责维系生命的基本活动，例如心跳、呼吸等，所以又称为"生命中枢"。

爱因斯坦过世后，许多科学家针对他的脑部进行研究，希望发现他天才的秘密。不过研究显示：爱因斯坦的大脑与平常人并没有什么不同。

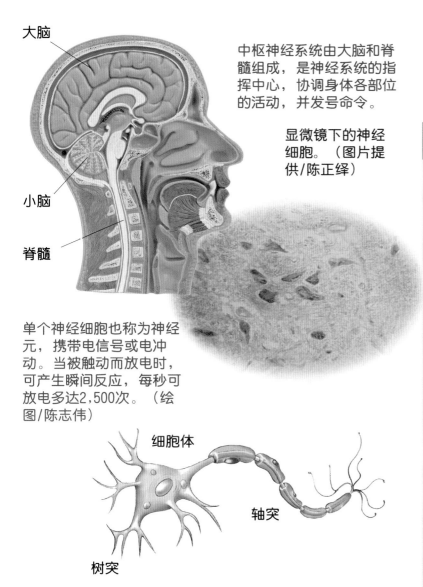

大脑

中枢神经系统由大脑和脊髓组成，是神经系统的指挥中心，协调身体各部位的活动，并发号命令。

显微镜下的神经细胞。（图片提供/陈正绎）

小脑

脊髓

单个神经细胞也称为神经元，携带电信号或电冲动。当被触动而放电时，可产生瞬间反应，每秒可放电多达2,500次。（绘图/陈志伟）

细胞体

轴突

树突

收集信息发出命令

脑可以储存、处理无以计数的资料。身体内、外的各种信息，都经由感觉神经传送到大脑，由大脑来判断、处理。

以感觉来说，冷、热、痛、痒、触、压等感觉，传送到大脑，经过整合，再利用运动神经传送到肌肉和腺体，让肌肉收缩或舒张，或让腺体分泌。举例来说：手触碰到冰冷的东西，大脑会指挥肌肉收缩，我们就把手缩回来，并告诉我们碰到

了"冷"的东西；感觉到热，大脑又指挥汗腺分泌，我们便开始流汗。

保护的本能——反射弧

反射弧是一种节约急救时间的神经回路。当遇到紧急事件，这个回路便会立即启动。例如：不小心踩到钉子，我们的脚会马上缩回，之后才感觉到痛，因为这样做可以让伤害减到最低，不必等到钉子刺穿了脚才缩回。反射弧的反应时间这么短，主要是因为感觉神经将信息传到脊髓后，马上回传给运动神经，这个过程并没有经过大脑，因此速度很快。是不是很神奇呢！

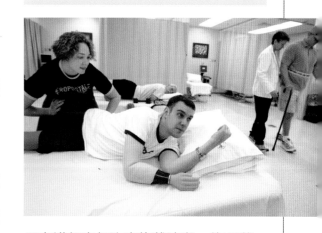

正在进行康复治疗的截肢者。许多截肢者还会感受到手臂或脚的存在，那是因为感觉神经还有部分未受损，持续把信号传给大脑。大脑把这些信号解读成已切除的肢体，这种感觉称为幻肢。（图片提供/达志影像）

感觉器官1

所有动物都依靠感觉来探索这个世界，人类也不例外。通过视觉，人们看到五光十色的外在世界；通过声音，则可以互通信息、发现危险。

人的左右眼会看到不同的视野。当两边的信号传到大脑，才出现一个完整的立体图像。

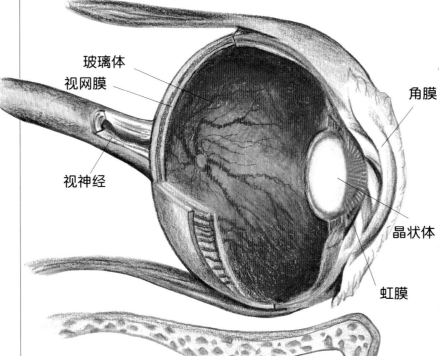

玻璃体
视网膜
视神经
角膜
晶状体
虹膜

眼球的内部构造。
（绘图/陈高拔）

近视眼看到的远处是模糊的，像右图。远视眼则像上图，聚焦在远方，近处反而变模糊。（摄影/黄丁盛）

精密的3D立体照相机

人的眼球构造及呈现影像的原理，十分复杂、精细。如果将眼睛比喻为"照相机"，位于眼球最前方的角膜，允许光线通过，而结膜具有保护与湿润眼球的功能，两者像是相机镜头外的保护镜；虹膜可调节瞳孔大小以控制进入眼睛的光线量，就像相机快门；晶状体有如相机的镜片，而且可以借由眼睛韧带与肌肉的拉扯来改变曲度，让影像落到眼睛的视网膜上，相机也有这种调整焦距的功能！最后视神经将影像传入大脑，大脑会辨识出影像。

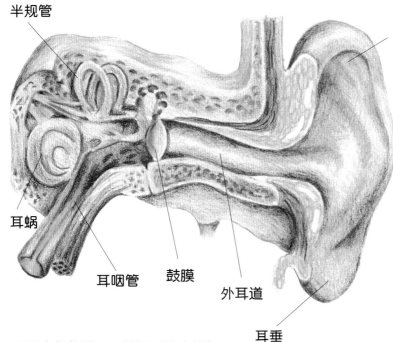

耳朵内部构造。（绘图/陈高拔）

半规管

耳蜗

耳咽管　　鼓膜

外耳道

耳垂

耳郭

内耳的半规管和人体的平衡有关。

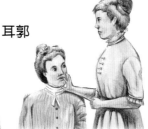

美国著名的盲、聋女作家海伦·凯勒，凭借毅力学会了说话，令人敬佩。（绘图/陈高拔）

声音接收器

　　当声波的振动由外耳道到达鼓膜，鼓膜和所连接的3块听小骨：锤骨、砧骨和镫骨，接收到振动便产生反射。如果外界的声音太小，镫骨旁的肌肉会将声音放大；反之，则产生反射性地收缩，使声音的传导减弱，借以保护鼓膜和听觉神经。当听神经将外界的声音刺激传导到大脑，便可以分辨出声音的大小、高低和音色，甚至能根据声波到达两耳的时间差与声音大小，辨别发出声音的方位！

谁发现了色盲

　　色盲是一种遗传疾病，患者无法辨别红、绿、蓝3种颜色中的任意一种或一种以上的颜色。第一个研究色盲的人，是19世纪英国的化学家道尔顿。某年，道尔顿给母亲买了一双棕灰色的袜子作为生日礼物。母亲打开包装后却说："这么鲜艳的红袜子，我怎么穿啊！"道尔顿意识到这其中一定有问题，经过求证，他发现自己无法分辨红、绿色，并提出色盲的成因是患者的眼睛无法接收某些色光。

色盲测试。有些人由于遗传上缺乏某种基因，而会丧失对特定颜色辨认的能力，称为色盲。例如红绿色盲的人，无法辨别红色和绿色的差别。（图片提供/达志影像）

感觉器官2

除了眼睛与耳朵，人体的感觉器官还有鼻子、舌头和皮肤，分别负责嗅觉、味觉和触觉。

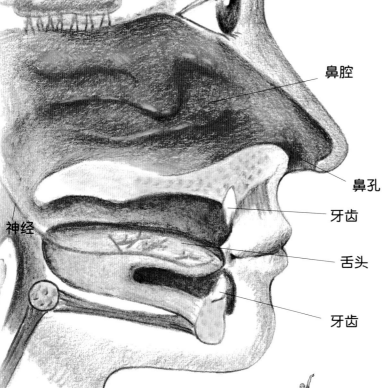

嗅球

鼻腔

鼻孔

牙齿

舌头

神经

牙齿

嗅觉是气味进入鼻腔引起的，好厨师通常具有灵敏的嗅觉和味觉。（图片提供/达志影像）

鼻腔和口腔是相通的。舌头的味觉是通过图中绿色部分的神经，传导到大脑，辨别出味道来。（绘图/陈高拔）

舌头只能品尝出4种基本味道，分别是酸、甜、苦、咸。甜在舌尖，酸在两侧，咸在前端，苦在舌根。

怎样才会有味道

人类的嗅觉并不十分好，但是仍然可以辨别约4,000种气味。当有气味的化学分子进入鼻腔，刺激嗅觉神经元，传到大脑整合、分辨，便使人反应出香、臭、腥、霉等不同的感觉。这些感觉往往是经验的累积，例如有人觉得榴梿很香，有人却避之唯恐不及。

味觉的产生和嗅觉一样，也是受到化学分子的刺激，但是负责接收的是味蕾。味蕾分布在舌头表面，舌头前端可以接收甜味分子；两旁可感受酸味及咸味分子，范围比较广；舌根则对苦味分子比较敏感，所以吃药时会让人想呕吐。

你能吃下一整个酸溜溜的柠檬吗？有种原产于西非的神秘果，就能让人把酸柠檬当甜葡萄柚吃。神秘果含有一种名为神秘果素的糖蛋白，可以扰乱舌尖的甜味味蕾与舌头两旁的酸味味蕾，让人吃酸水果却误以为是甜的。据吃过的人描述，吃过神秘果后马上吃柠檬，味道最好。大概30分钟后，味觉恢复，柠檬尝起来又变酸了。近年来已有科学家投入研究，希望将这种糖蛋白提供给糖尿病患者与嗜吃甜又怕胖的人使用，让人们享受甜味又不至于吸收过多的糖。

我们能尝出食物的味道，是因为舌头的味觉接受器把信号随神经传给大脑，大脑同时对嗅觉和味觉信号进行分析，而得出味道反应。

台湾地区宗教中踩过火灰的仪式。皮肤对热十分敏感，这些人经过训练能够忍受高温的火灰。（摄影/黄丁盛）

敏感的肌肤

我们能感觉到冷、热、压迫以及疼痛等，都跟皮肤真皮层里的感受器有关，也就是触觉。触觉能让人体自我保护，避开过冷、过热的环境与不舒服的受力，更重要的是在感觉痛的第一时间，通过反射运动来减轻伤害的程度。

另外，触觉能启动大脑的经验，让人在黑暗中或闭着眼睛也能知道触摸的是什么。举例来说，我们能在没有开灯的房间里，脱掉鞋子、袜子，穿上裤子等，就是大脑整合了各种感觉所下达的准确命令。

有些人对花粉过敏，会导致鼻内纤毛过度分泌，不停地打喷嚏。（图片提供/达志影像）

干细胞

长久以来，器官移植是替代已损毁器官的最后方法。现在，科学家希望能找到让人体自行修复或"制造"所需器官的方法。

2005年8月，韩国科学家手上抱着世界首只雄性克隆狗，宣告人类最好的朋友也加入了克隆科技的行列。（图片提供/达志影像）

🩰 干细胞变变变

许多科幻故事都曾出现过克隆人的想法。1996年在英国诞生了历史上第·只克隆羊多利，克隆人似乎不再是空想，也有人提出可以将克隆人的器官移植给患者。不过由于克隆人牵涉的问题很广泛，许多国家都禁止研究，而在其他"人体再生"领域的研究中，以干细胞的研究成果最为显著。

1998年11月，美国威斯康星大学教授成功地从人类胚胎里，萃取出胚胎干细胞并培养出造血先驱细胞，这种细胞可以进一步培养出红细胞等血细胞，许多人开始好奇：干细胞到底是什么？

干细胞在成人和小孩的身上，以及胚胎中都能找到。它具有发展成不同功能或同类型细胞的能力，能形成神经组织、肌肉组织或皮肤组织等。此外，干细胞还具有自我修复能力。

脐带血内含有丰富的造血干细胞，必须储存在冷冻库中。（图片提供/达志影像）

目前各国对干细胞应用持有不同的看法。图为加州州长与支持者共同呼吁，声援干细胞研究法案。（图片提供/达志影像）

脐带血里有什么

脐带是连接怀孕中的妈妈和宝宝的一条输送管线，小宝宝通过脐带获取营养和代谢身体里废弃的物质。宝宝出生后，脐带中的血液仍带有丰富的血液干细胞。1988年，法国一家医院利用脐带血干细胞，治疗了一位罹患先天性再生障碍性贫血的小男孩，从此脐带血干细胞被认为能有效治疗血液、免疫系统或代谢异常疾病。

虽然在人体内都存在着干细胞，不过以目前的技术来看，脐带血干细胞不但是最接近胚胎的干细胞，而且容易取得，不伤人体，因此掀起了保存与研究的热潮。

干细胞的应用

在科学家规划的蓝图中，干细胞未来最大的用途在于移植治疗，也就是让具有分化能力的干细胞，取代受伤、生病的器官或组织。例如针对糖尿病的治疗，目前已有科学家利用胚胎干细胞培植出胰岛，

初生婴儿的脐带血中含有丰富的干细胞。（图片提供／达志影像）

并能分泌胰岛素；而像癌症、帕金森综合征、车祸或运动造成的严重脊椎伤害等，这些也将可能在干细胞技术成熟后得以医治。另外，干细胞未来也可以运用在医药的研发、测试上。到目前为止，干细胞的应用仍有许多处在开发阶段，但是科学家们相信，这是值得发展的方向！

干细胞经过培养，理论上可以分化为各种细胞。（绘图／陈志伟）

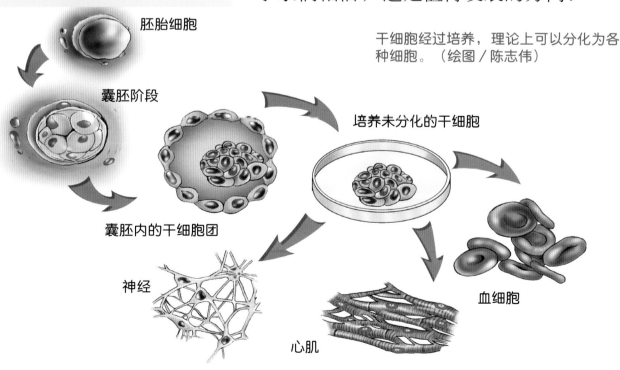

英语关键词

人体	Body
头	Head
颈	Neck
肩膀	Shoulder
手	Hand
脚	Foot
器官	Organ
器官移植	Transplantation
解剖	Anatomy
细胞	Cell
干细胞	Stem Cell
组织	Tissue
系统	System
皮肤组织	Epithelial Tissue
皮肤	Skin
汗腺	Sweat Gland
毛发	Hair
指甲	Nail
运动器官	Motor Organs
骨骼	Skeleton
肌肉	Muscle

关节	Joints
消化系统	Digestive System
消化道	Digestive Canal
口腔	Oral Cavity
食道	Esophagus
胃	Stomach
小肠	Small Intestine
养分	Nutrient
废物	Waste
循环系统	Circulation System
心脏	Heart
血液	Blood
红细胞	Red Blood Cell
血小板	Platelet
白细胞	White Blood Cell
血管	Blood Vessel
动脉	Artery
静脉	Vein
毛细血管	Capillary
呼吸系统	Respiratory System
肺脏	Lung

肺泡　Alveolus

排泄系统　Excretory System

肾脏　Kidney

输尿管　Ureter

膀胱　Bladder

生殖系统　Reproductive System

月经　Menstruation

睾丸　Testis

卵巢　Ovary

子宫　Uterus

精子　Sperm

卵子　Ovum/ova（复数）

双胞胎　Twins

内分泌系统　Endocrine System

甲状腺　Thyroid

信息素　Phcromone

激素　Hormone

免疫系统　Immunity System

淋巴细胞　Lymphocyte

抗体　Antibody

腺体　Gland

神经系统　Nervous System

脑　Brain

脊髓　Spinal Cord

神经　Nerves

感觉神经　Sensory Nerves

运动神经　Motor Nerves

感觉器官　Sensory Organs

虹膜　Iris

晶状体　Lens

鼻子　Nose

嘴巴　Mouth

牙齿　Teeth

舌头　Tongue

唾液　Saliva

色盲　Color Blindness

新视野学习单

1 人体最小组成单位是什么?
1. 细胞
2. 组织
3. 器官
4. 系统

（答案在06—07页）

2 皮肤对人体有什么功能?
1. 阻挡细菌和紫外线
2. 防止水分丧失
3. 调节体温
4. 输送血液

（答案在08—09页）

3 关于骨骼和肌肉系统，下列哪项是正确的? （多选）
1. 小朋友多补充钙质可以让骨骼成长。
2. 老爷爷骨骼里的胶质比较多。
3. 多做运动可以锻炼肌肉。
4. 昆虫和人类一样都是内骨骼系统的动物。

（答案在10—11页）

4 是非题
（　）胃可以吸收蛋白质。
（　）小肠可以吸收葡萄糖、氨基酸、脂肪酸和大部分的水。
（　）肺脏的肌肉会收缩、舒张，是进行气体交换的主要场所。
（　）肺泡外围绕着毛细血管，氧气和二氧化碳在这里进行交换。
（　）我们也可以和牛一样进行反刍的动作。

（答案在12—17页）

5 是非题
（　）心脏是输送血液的主要动力，心脏若是不跳，全身血液就不流了。
（　）人体内的血管有动脉、毛细血管和静脉，其中动脉内的血液充满氧气和养分。
（　）血小板可以帮助白细胞吞噬细菌和病毒。
（　）红细胞可以携带氧气和养分到达全身，也可以帮助血液凝固。

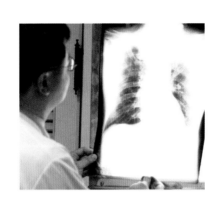

（　）心跳每分钟平均是70下左右。

（答案在14—15页）

6 可以通过肾脏过滤的物质，包括哪些？（多选）

1. 脂肪酸
2. 氨基酸
3. 葡萄糖
4. 水

（答案在18—19页）

7 下列哪项叙述是"错误的"？（多选）

1. 人体分泌的各种激素，作用和功能完全一样。
2. 人体需要很大量的激素，一旦缺少了就会生病。
3. 当脑垂体分泌生长激素时，全身器官都会成长。
4. 遇到紧急状况时，肾上腺素会大量分泌。
5. 脑垂体分泌的激素会随着血液送到全身。

（答案在22—23页）

8 下列哪项叙述是"正确的"？（多选）

1. 发炎反应会产生红、肿、热、痛的现象。
2. T细胞随着血液巡逻全身。
3. 巨噬细胞由白细胞形成，可以变形将病原体吞噬。
4. 抗体驻守在各个淋巴结。
5. B细胞可以对抗病原体。

（答案在24—25页）

9 想想看并详细说明。

1. 为什么医学上以"脑死亡"来判定死亡？
2. 如果我已经"脑死亡"，我愿意捐赠我的器官给需要的人吗？

（第1小题答案在26—27页）

10 问答题

感冒的时候胃口总是特别不好，我的舌头明明尝得到酸甜苦辣，可是却引不起我的食欲，这是为什么呢？

（答案在30—31页）

我想知道……

这里有30个有意思的问题，请你沿着格子前进，找出答案，你将会有意想不到的惊喜哦！

开始！

古人如何进行人体研究？
P.07

皮肤也是器官吗？
P.08

头发会到无限

流汗也是一种排泄吗？
P.18

肾脏有多大？怎么处理身体的代谢废物？
P.19

为何妈妈怀孕20周后，医师才知道宝宝的性别？
P.20

太棒赢得金牌。

我呼吸的空气，都进到了身体哪些部位？
P.17

我的鼻子可以闻出几种气味？
P.30

为什么吃药时会令人想呕吐？
P.31

干细胞有什么功能，而特别受到重视？
P.32

吸烟为什么对肺部不好？
P.17

眼睛、耳朵能帮人体维持平衡吗？
P.29

神经长什么样子？如何传递信息？
P.27

颁发洲金

太厉害了，非洲金牌也是你的！

我们的肺到底能装多少空气？
P.16

全身上下的血液，加起来有多少？
P.15

为什么血液看起来是红色的？
P.15

想大便有什么

一直长长吗？
P.09

为什会长青春痘？
P.09

身上哪一个地方的皮肤最厚？
P.09

不错哦，你已前进5格。送你一块亚洲金牌！

了，美洲

为什么会有双胞胎？
P.21

为什么脑垂体被称为内分泌的"乐团总指挥"？
P.22

人体最长的骨头是哪一块？
P.10

骨骼和肌肉怎么连在一起？
P.11

太好了！
你是不是觉得：
Open a Book！
Open the World！

为什么坐云霄飞车会特别兴奋？
P.23

为什么肌肉能动？
P.11

大洋牌。

天才的大脑都比较大吗？
P.26

为什么我会有痰、化脓，这些是好的吗？
P.24

所有的肌肉都受我控制而动吗？
P.11

和人脑关系？
P.13

我的胃可以消化无限的食物吗？
P.13

获得欧洲金牌一枚，请继续加油！

消化作用从哪里开始？在哪里结束？
P.12

图书在版编目（CIP）数据

人体：大字版 / 来姿君撰文. —北京：中国盲文
出版社，2014.5
　（新视野学习百科；41）
　ISBN 978-7-5002-5131-6

　Ⅰ．①人… Ⅱ．①来… Ⅲ．①人体—青少年读物
Ⅳ．①Q 983-49

中国版本图书馆 CIP 数据核字 (2014) 第 090214 号

原出版者：暢談國際文化事業股份有限公司
著作权合同登记号 图字：01-2014-2120 号

人　体

撰　　　文：来姿君
审　　　订：游祥明
责任编辑：王丽丽
出版发行：中国盲文出版社
社　　　址：北京市西城区太平街甲 6 号
邮政编码：100050
印　　　刷：北京盛通印刷股份有限公司
经　　　销：新华书店
开　　　本：889×1194　1/16
字　　　数：33 千字
印　　　张：2.5
版　　　次：2014 年 12 月第 1 版　2014 年 12 月第 1 次印刷
书　　　号：ISBN 978-7-5002-5131- 6 /Q ·33
定　　　价：16.00 元

销售热线：（010）83190288 83190292　　　　　版权所有　侵权必究

绿色印刷　保护环境　爱护健康

亲爱的读者朋友：

　　本书已入选"北京市绿色印刷工程—优秀出版物绿色印刷示范项目"。它采用绿色印刷标准印制，在封底印有"绿色印刷产品"标志。

　　按照国家环境标准 (HJ2503-2011)《环境标志产品技术要求 印刷 第一部分：平版印刷》，本书选用环保型纸张、油墨、胶水等原辅材料，生产过程注重节能减排，印刷产品符合人体健康要求。

　　选择绿色印刷图书，畅享环保健康阅读！

新视野学习百科 100 册

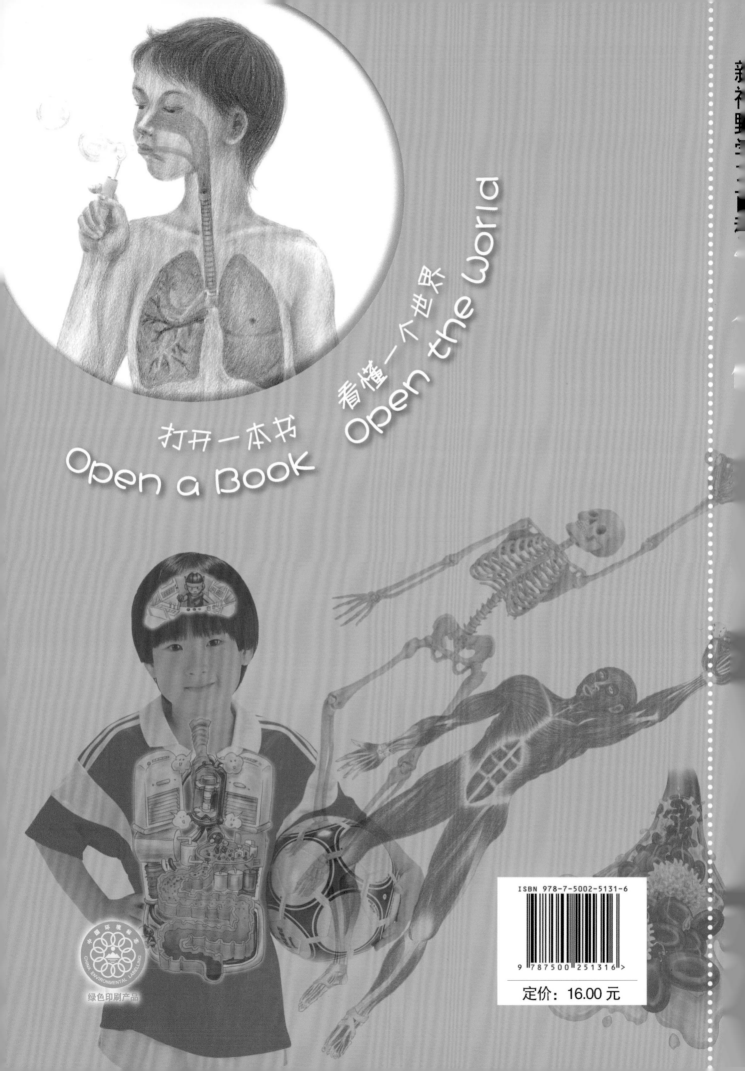

打开一本书　看懂一个世界
Open a Book　Open the World

ISBN 978-7-5002-5131-6

9 787500 251316 >

定价：16.00 元

植物的繁殖

大字版·国家彩票公益金资助

北京市绿色印刷工程——优秀青少年读物绿色印刷示范项目

台湾引进 **新视野学习百科 36**

●自然与健康●

为什么无心插柳，柳会成荫？
玉米的须须有何功用？无籽柠檬怎么繁殖后代？
一花一世界，植物精彩的繁衍故事，
在自然界悄悄演出着。

让知识的光芒照亮我们的人生

　　每个孩子都有好奇心，他们总是以各种方式观察和思考周围的世界。生命是怎么起源的？世界上有多少种蝴蝶？人类什么时候能登上火星？人类最终能与细菌病毒和平相处吗？千百年来，人们不断破解大自然的谜团。但是，在我们生活的世界又有太多的谜团！

　　世界多么奇妙啊，宇宙浩渺无垠，隐藏着无数奥秘，它到底是什么样子？未来它又会怎样？也许有人会说，这样的问题还是留给科学家去研究吧，我们要关心的是人类的地球家园。可是，对于地球我们又了解多少呢？比如，恐龙为什么会灭绝？气候变化是什么原因造成的？人类，还有其他的生物还在进化吗？如果还在进化，那么几亿年之后，我们人类，还有大猩猩、长颈鹿、袋鼠、蜂鸟……会变成什么样呢？有人会说，这样的问题都是科学家们争论不休的，我们还是讨论一些现实问题，比如PM2.5，交通拥堵，水资源短缺，手机辐射，转基因食品等等，而要解答这些问题，我们现有的知识是远远不够的。

　　怎么办呢？那就让我们翻开这套《新视野学习百科》吧。这是一个巨大的、仿佛取之不尽、用之不竭的知识宝库。它既告诉我们科学家在探索中取得的成就，也告诉我们他们曾遇到的挫折和教训，还有他们未来的努力方向。它不仅帮助我们学习科学和文化、提高学习能力，更让我们学会探索和发现通往真理的道路。

　　这套从台湾引进的学习百科全书，每一册都独具匠心地设计了许多有趣的问题，让孩子们在阅读前进行思考，然后再深入浅出地引导他们探索世界科技和人文的发展。它让孩子们带着兴趣去阅读，带着发现去研究，带着知识去成长，带着理想去翱翔。它不仅能带给孩子学习的热情和创造力，也会给老师和家长意外的惊喜和收获，真可以称得上是我们触手可及的"身边的图书馆"和"无围墙的大学"。

　　让我们一起翻开《新视野学习百科》吧，它不仅是孩子们的好朋友，也一定是成年人的好朋友……

张海迪